科学の
アルバム
かがやく
いのち

タンポポ

―― 風でたねを飛ばす植物 ――

渡邉弘晴

監修／小川 潔

あかね書房

科学のアルバム かがやくいのち **タンポポ** 風でたねを飛ばす植物　もくじ

第1章 春早くにさく ── 4

- つぼみが開く ── 6
- 花は開いたり閉じたりする ── 8
- 日ごとにすがたを変える花 ── 10
- さきはじめの花、満開の花 ── 12
- 花のつくり ── 14
- 小さな花の集まり ── 15
- 花茎のふしぎな動き ── 16
- たねのできかた ── 18
- わたぼうし ── 20

第2章 いろいろなタンポポ ── 22

- 外国から来たタンポポ ── 24
- ふえ方のちがい ── 26
- 虫とのかかわり ── 28
- 日本のタンポポの多いところ ── 30
- 外国から来たタンポポの多いところ ── 32

第3章 風でたねを飛ばす ── 34

- 芽を出せないたね ── 36
- 芽を出す ── 38
- 根を長くのばす ── 40
- タンポポのすがた ── 42
- 寒い冬をすごす ── 44
- 春がやってきた ── 46

表紙は、カントウタンポポ。

みてみよう・やってみよう ── 48

タンポポの分布調査 ── 48
連続した観察 ── 50
花の解剖 ── 52
育ててみよう ── 54
実をくらべてみよう ── 56
自然とつきあうときの約束 ── 57

かがやくいのち図鑑 ── 58

タンポポのなかま ── 58
早春の野原にさく植物 ── 60

さくいん ── 62
この本で使っていることばの意味 ── 63

渡邉弘晴

本名は渡邉晴夫。1944年神奈川県生まれ。コマーシャルカメラマンを経て、自然と植物の写真を中心に活躍中。著書（共著含む）に『アサガオ』『タンポポ』（集英社）、『植物のかんさつ』（講談社）、『植物のふしぎ』（講談社）、『世界の食虫植物』（写真提供・誠文堂新光社）、『食虫植物』（写真提供・誠文堂新光社）、『むしをたべるくさ』（ポプラ社）などがある。

タンポポは、家や学校のまわり、あるいは公園や道路のそばなど、どこにでも生えているとても身近な植物です。私が子供のころ、虫めがねでタンポポの花をのぞいたことがあります。たくさんの小花や、二またに分かれているめしべなど、目でみているだけでは分からなかったものがみえてとても感動しました。それ以来、私はタンポポを観察することが楽しみになりました。みなさんもみなれたタンポポを、もういちどよく観察してみてください。そして分からないことがあったら、この本をみていただければ幸いです。

小川 潔

1947年東京生まれ。東京大学、同大学院を卒業。東京学芸大学名誉教授。著書に『タンポポ』（指導・集英社）、『たんぽぽさいた』（新日本出版）、『上野のお山を読む』（共著・谷根千工房）、『日本のタンポポとセイヨウタンポポ』（どうぶつ社）、『新・環境科学への扉』（分筆・有斐閣）、「自然保護教育論」（共編著・筑波書房）などがある。

タンポポのたねは、どれくらい遠くへ飛ぶのでしょうか。外国の学者は100個のたねのうち、いちばん飛ぶものが10kmまでたっすると計算しました。多くのたねはもっと近くに落ちることになります。この距離はひとつの目安ですが、タンポポの種類や風の強さによって変わるはずです。落ちた場所で、タンポポはうまく生きのび、子孫を残すことができるのでしょうか。身近な植物であるタンポポですが、その種類やくらしかたについて、わかっていることは限られています。この本が自然の不思議や次の疑問をみつけるきっかけになると幸いです。ぜひ、タンポポをさがしに出かけてみてください。

第1章 春早くにさく

　春の日ざしが果樹園にふりそそいでいます。木々には、まだ葉がついておらず、光は草地にひろがるタンポポにあたっています。春早く、すでにタンポポは花をさかせています。寒い冬をすごし、春になるのを待っていたのです。まわりには、ほかの花はさいていません。なぜタンポポは、こんなに早くに花をさかせるのでしょう。

▲タンポポの花。写真は外国からやってきて日本にすみついたタンポポ（外来種）です。本書では、とくにことわりのない場合、外国からやってきたタンポポの写真を使っています。くわしくは24ページをみてください。

■ 果樹園にひろがる草地にさく日本でもともとみられたタンポポ（在来種）。くわしくは 25 ページをみてください。

🔺 花茎がのびはじめて7日たったつぼみ。朝早くて、日はまだ強くさしていません。

🔺 太陽がのぼり、日がさしはじめました。つぼみがほころんで、黄色い花がみえてきました。

つぼみが開く

　天気のよい日、タンポポの緑色のつぼみが少しほころんできました。中から黄色い花びらが少しずつみえてきます。さきはじめてから、4時間ほどでタンポポの花はすっかり開ききりました。今日はじめてさいた花です。

　タンポポは背たけの低い草花です。葉が地面にへばりつくようにひろがり、そのまん中につぼみをつけています。花をささえている茎のようにみえるところは、花茎とよばれます。ふつうの茎とちがって花だけがついて、葉がつくことはありません。タンポポは花茎をのばしてつぼみを高く持ち上げます。といっても春の早いうちは、つぼみの花茎はあまり長くのびず、背の低い花をさかせます。

△ 花がまわりから開いていくようすがわかります。

△ 太陽がのぼって4時間たち花が開ききりました。

タンポポの花のつくり

　タンポポの花を観察するために、つぼみを半分に切ってみました。つぼみの中には、小花とよばれる花が、たくさんつまっています。花びら1枚1枚が1個の花なのです。タンポポの花は、このような小花がたくさん集まってできた頭状花とよばれるものです。この本では、とくにことわりのない場合は、タンポポの頭状花を「花」と書いています。

　ひとくちに「花」といっても、そのつくりは、植物のなかまごとにさまざまです。たとえば、花びらの枚数はもちろん、花びらのないもの、花びらのようにみえても実際には、がくにあたる部分だったりするものなどです。

　タンポポの頭状花や小花については15ページを、タンポポ以外の花のつくりについては、53ページをみてください。

△ ほころびはじめたつぼみ。小花が外側から、さいていくようすがわかります。

🔆 日がさすといっせいに花は開きます。この株には、まだ花をさかせず、つぼみのままのものもあります。

花は開いたり閉じたりする

　タンポポの花は、いちどさくと朝明るくなると開いて、夕方暗くなると閉じます。
　しかし昼であっても、くもっていたり、雨がふっていたりして、日ざしが弱いときは、花は完全には開きません。タンポポは、光や温度の変化によって花を開いたり、閉じたりしていると考えられています。

🔺 さいて1日目の花が閉じたところ。花びらがうずをまくようにきれいにそろっています。

■ 日がかげるといっせいに花は閉じます。

▲くもりの日には、花は完全には開きません。

▲雨がふり、日がささないときも花は完全には開きません。

日ごとにすがたを変える花

いちどさいたタンポポの花は、朝に開いて夕方に閉じ、こうして、およそ3日のあいださきつづけます。そのあいだに、雨やくもりの日があると、花の開く日にちがのびて、4日から6日くらいはさいています。

タンポポは、多年草といって、10年ちかく成長をつづける草花です。大きく育った株は、いくつもの花をさかせます。
ひとつひとつの花をよく観察してみると、日ごとに花のすがたが変わっていくことに気がつきます。さきはじめの花は、

2日目 ▶ **3日目**

▲ 朝10時　そりかえるように大きく開きました。

▲ 朝10時　ふぞろいにさくようになりました。

▲ 夕方5時　閉じた花の先がそろっています。

▲ 夕方5時　閉じた花の先が少しみだれてきました。

全体がまだよくひろがっておらず、まん中がしんのように、まとまっています（12ページ）。

2日から3日たつと花は開ききります。このあいだは、花が閉じたとき、その先がうずを巻いたようにきれいにそろっています。これは次の日も花がさくめやすになります。

3日から4日たち、花の先のうずがそろわなくなると、花は半分くらいしか開かなくなるか、1日じゅう閉じたままになります。

4日目

▲朝10時　花は半分しか開きません。

▲夕方5時　閉じた花の先がばらばらになっています。

5日目

▲朝10時　1日じゅう花は開かなくなりました。

▲夕方5時　全体がちぢんでみえます。

△ さいて1日目の花。まん中がしんのようにみえます。

さきはじめの花、満開の花

　さきはじめの花は、まん中の花びら（小花）がまとまっていて、しんのようにみえます。これは、まだ花が完全に開ききっていないためで、さきはじめの花だということがわかります。

　さいてから2日か3日たち、満開になった花をみると、まん中も花びらが開き、全体がひとまわり大きくみえるようになります。

△ さいて1日目の花（上とおなじ）を半分に切ったところ。まん中のところがしんのようにみえます。

▲ さいて3日目の満開の花。外側もまん中もすべて開いています。

▲ さいて3日目の満開になった花（上とおなじ）を半分に切ったところ。まん中がひろがり、外側もそりかえっています。

▶ ひと株のタンポポにたくさんの花がさいているようす。花ごとに、さきはじめた日がちがうため、さきはじめの花、満開の花、さき終わりの花があり、そのすがたのちがいがわかります。

■ 近よってみたタンポポの花。

花のつくり

　タンポポの花をよくみると、先が2本にわかれ、くるりと丸まったものがあります。これはめしべです。ここにおしべがつくる花粉がつくとたね（実）ができます（26ページ）。おしべは、もともと5本あったものが、めしべをかこむ筒のように変化しています。おしべもめしべも、植物が子孫を残すためのたねをつくるやくわりをはたします。

　1枚の黄色い花びらをよくみると、先が5つにわかれています。いまは1枚になっている花びらは、もともとは5枚べつべつのものでした。先がぎざぎざしているのは、5枚の花びらが合わさったなごりです。この花びらは、めしべと、おしべをかこむようについています。

小さな花の集まり

タンポポの花は、たくさんの小花が集まってできた頭状花とよばれるものです。

ひとつひとつの小花には、1本のめしべ、めしべをとりかこむ筒状のおしべ、花びら、がく、そしてつけねに、じゅくすとたね（実）になるところがあります。このように、1枚の花びらにしかみえないタンポポの小花は、とりだして全体を観察すれば、たねをつくるためのつくりをそなえた1個の花であることがわかります。

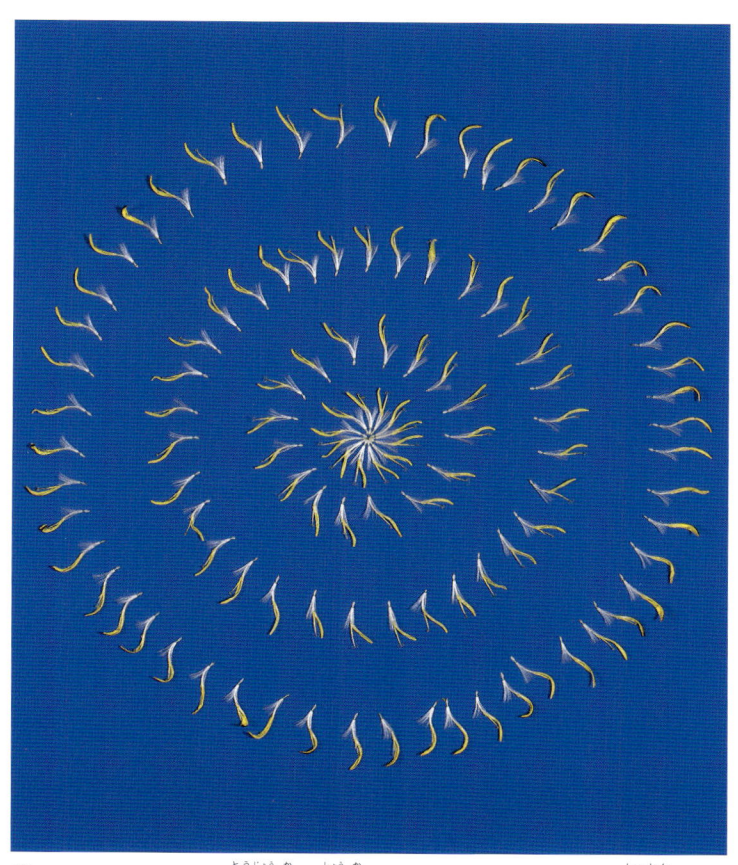

▲ 1つのタンポポの頭状花を小花ごとにわけて、ならべた写真です。113の小花がありました。

▲ タンポポの小花。長い花びらが「舌」のようにみえるため、このような小花は、舌状花とよばれます。

▲ 小花の育ちかた（左から右へ）。めしべがのびると先が2つにわかれて、くるりと丸まります。花びらも、のびていきます。

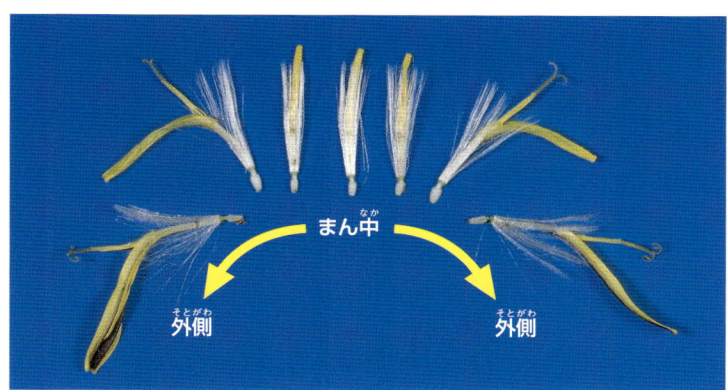

▲ タンポポの頭状花から取った小花。まん中よりも外側にいくほど育ちかたが早いことがわかります。

🔺さきはじめてから7日後のさき終わったタンポポの花。先から黄色い花びらが少しみえています。花茎には目印のために青いテープが巻いてあります。

🔺9日後。花茎がまがってきました。

🔺11日後。花茎は地面に横だおしになりました。花は上をむいています。その先には、かれた花びらが黒っぽくなってついています。

花茎のふしぎな動き

さき終わったタンポポの花は、その中でたねをつくりはじめます。そのあいだ、花茎はまっすぐ立ったままではなく、いちど地面にたおれます。わたぼうしが開くまでの花茎の動きをみてみましょう。

なぜ、花茎はたおれるのでしょうか？

さき終わった花がこれからさく花の日あたりのじゃまにならないようにするためだとか、花茎が風やふまれたりして折れてしまわないようにするためだとか、タンポポにとって、なにかよいことがあるのだろうと考えられています。

🔺 12日後。かれた花びらが、ごそっと地面に落ちました。その下には白いわたのようなものがみえています。これは花のがくだったところで、たねを風にのせて飛ばすわた毛になります。

🔺 13日後。花茎がふたたび立ちあがりはじめました。花茎の長さも花がさいていたときよりものびてきました。花の中では、たねもだいぶじゅくしています。

🔺 14日後。花茎がもとどおり立ちあがって、わたぼうし（20ページ）が開きました。

さき終わったタンポポの花茎の動き

さき終わったタンポポの花茎におなじ間隔で墨で印をつけます。花茎は、根に近い1-2よりも花に近い7-8のあいだが、よくのびていることがわかります。

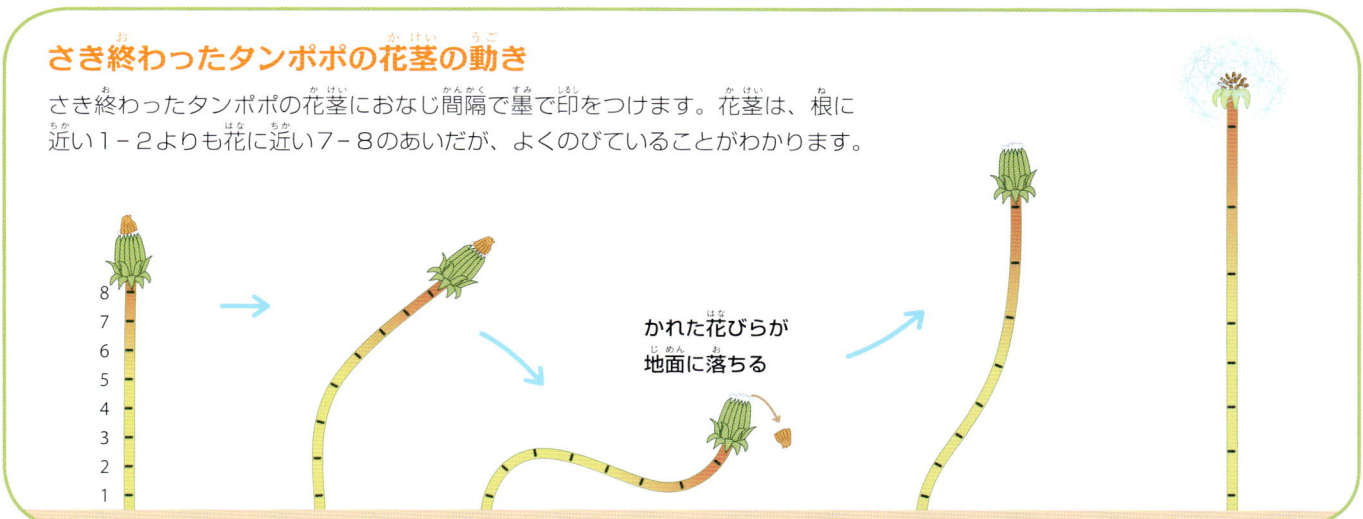

17

● 小花が変化するようす。柄がのびて、たね（実）がじゅくし、小花のがくだったところが、わた毛（冠毛）になっています。

めしべ
がく
たね（実）になるところ
冠毛
柄
たね（実）

たねのできかた

タンポポの花は3日から6日さいたあと、閉じたまま、かれます。花の中では、たね（実）がつくられはじめます。タンポポのたねは、小花の実になるところが育ったものです。ですから、小花1つにたねが1個できることになります。

たねは根元の花たくから栄養をもらって2週間ほどかかってじゅくします。そのあいだにたねとがくのあいだにある柄がのびて、かれた花びらを下からおしあげます。白かったたねは、茶色になっていきます。もうすぐたねがみのります。

たね（実）になるところ
花たく

△ 花びらがかれた花を半分に切ったところ。たねはまだ白い色をしています。じっさいには花茎は横だおしになっています（16ページ③）。

■ 外から冠毛がみえはじめた花を半分に切ったところ。柄がのびて、たねが茶色になっていきます。もうすぐわたぼうしが開きます（17ページ⑤）。

わたぼうし

　タンポポは、花をさかせたあと、かれた花びらを落とし、たね（実）を育てます。たねがじゅくすと花茎を高くまっすぐにのばします。そうすると1時間から2時間ほどで、たねについたわた毛（冠毛）がいっせいに開き、白いまりのような、わたぼうしになります。そのすがたが、けっこん式で女の人がかぶる真わたをのばして作った「綿帽子」とにているために、このようによばれます。

　わたぼうしをよくみると、わた毛から柄がのびてたねにつながっています。軽くて大きくひろがったわた毛が風をつかまえてたねを遠くまで飛ばします。

△わたぼうしから、つぎつぎと飛びたつたね。たねは風にのってパラシュートや糸の切れた凧のように飛んでいきます。

■開いたわたぼうし。中までみやすいように半分に切ってあります。たねの元のところは、台のような花たくにくっついています。

■ 野原にさく日本でもともとみられたタンポポ（在来種）。くわしくは 25 ページをみてください。

第2章 いろいろなタンポポ

　日本でみられるタンポポには、たくさんの種類があります。どれも、すがたがよくにているので、みなおなじ種だと思われてしまうこともあります。少しタンポポにくわしい人なら「ニホンタンポポ」と「セイヨウタンポポ」という名前を聞いたことがあるかもしれません。しかし、これら2つも、それぞれが一種というわけではありません。

外国から来たタンポポ

いま、日本でみられるタンポポには、むかしから日本列島に生えていた種と、130年ほどまえに外国からやってきた種があることが知られています。その場所にもともとすんでいた生き物は、在来種（在来生物）とよびます。いっぽう、もともとはいなかった場所に、あとからすみついた生き物は外来種（外来生物）とよばれます。いまのところ日本には、在来種15種、外来種2種のタンポポが知られています。

これらのタンポポは、見た目がどれもよくにています。また、それぞれの種がしめすわずかな特徴が、別の種の特徴とにていたり、またおなじ種であっても、その特徴が株ごとに少しずつ変化していたりするため、外見からの区別は、とてもむずかしいことです。正確な種（タンポポの名前）を知るためには、顕微鏡を使ったり、実験室で細胞にある染色体を調べてみたりしなければなりません。

平地でみられるタンポポなら、おおまかに花の総苞のすがたによって在来種と外来種とをみわけられます。総苞とは小さな緑色の葉のような総苞片が2重に花を取りかこんだものです。外側の総苞片がそりかえったものが外来種、そうでないものが在来種です。どちらとも区別しにくいものもありますが、おおよそのめやすになります。

△ 開いたタンポポ。左が総苞片のそりかえっていない在来種、右が総苞片のそりかえった外来種です。

△ 閉じたタンポポ。左が総苞片のそりかえっていない在来種、右がそりかえった外来種です。

日本のタンポポ

タンポポの在来種15種（亜種や変種を入れると18種）は、日本列島でまんべんなくみられるわけではありません。それぞれの種がみられるのは、きまった場所（分布域）にかぎられています。また地域だけではなく、山地だけや北海道以北でのみみられる寒地性の種もあります。

平地でみられる種はエゾタンポポ、カントウタンポポ、カンサイタンポポ、シロバナタンポポ、モウコタンポポです。カントウタンポポはさらに、カントウタンポポ、トウカイタンポポ、シナノタンポポ、オキタンポポの亜種や変種にわけられます。

▲エゾタンポポ（山梨県）。　▲シナノタンポポ（長野県）。

▲カントウタンポポ（東京都）。 　▲トウカイタンポポ（静岡県）。

▲カンサイタンポポ（大阪府）。　▲シロバナタンポポ（東京都）。 　▲ミヤマタンポポ（山梨県）。

身近な平地でみられる日本のタンポポ（在来種）

それぞれのタンポポの図は、総苞をかいたものです。

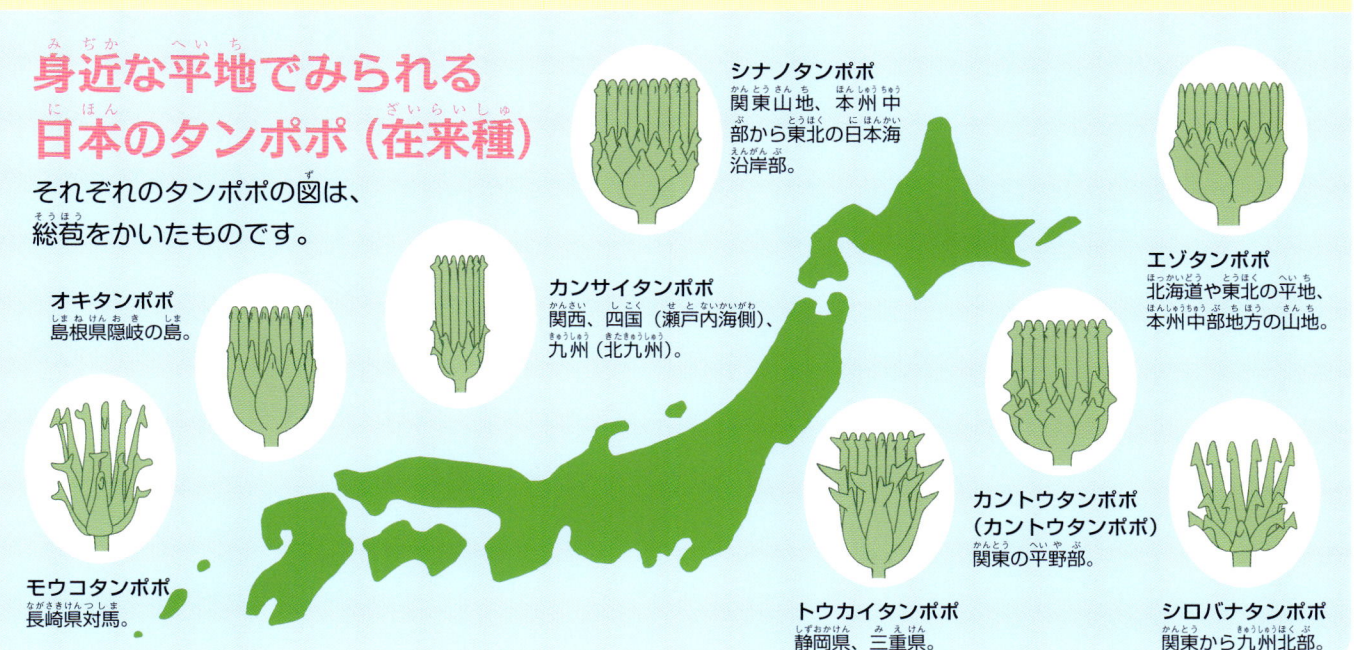

シナノタンポポ 関東山地、本州中部から東北の日本海沿岸部。

エゾタンポポ 北海道や東北の平地、本州中部地方の山地。

オキタンポポ 島根県隠岐の島。

カンサイタンポポ 関西、四国（瀬戸内海側）、九州（北九州）。

カントウタンポポ（カントウタンポポ） 関東の平野部。

モウコタンポポ 長崎県対馬。

トウカイタンポポ 静岡県、三重県。

シロバナタンポポ 関東から九州北部。

※エゾタンポポ、シロバナタンポポ、モウコタンポポは、分布する地域によっては平地でみられますが、本書でとりあげたほかの在来種と異なり、外来種のように無融合（26ページ）でふえます。

ふえ方のちがい

タンポポは、どの種もたね（実）を風で飛ばして子孫をふやします。しかし、たねのみのらせかたには、種によって、2つのちがったやりかたがあります。

ひとつは、めしべにほかの株の花粉がついてたねがみのる受精というしくみ。

もうひとつは、花粉を使わずにたねをみのらせる無融合とよばれるしくみです。

日本にすみついた外来種のほとんどは、無融合でふえます。いっぽう在来種は種によって受精でふえるものと、無融合でふえるものとがあります。ただし平地でみられる多くの種（カントウタンポポ、カンサイタンポポなど）は受精でふえるため、この本では在来種が受精で、外来種が無融合でふえるものとして考えます。

受精のしくみ

受精は、めしべに、おしべがつくった花粉がくっつくことで、ひきおこされます。ただし、タンポポの場合、花粉は自分の花のものではなく、ほかの株の花から運ばれた花粉でなければ受精できません。

めしべについた花粉は、そこから花粉管をのばします。めしべの下のほうにある実になるところ（卵）までとどくと、受精がおこなわれます。受精したたねは下にある花たくから栄養をもらってじゅくします。

無融合でたねをみのらせる外来種の花粉をよくみると、つぶがふぞろいで、ほとんど受精には役立っていないことがわかります。外来種には花粉をつくらない株もあります（27ページ）。

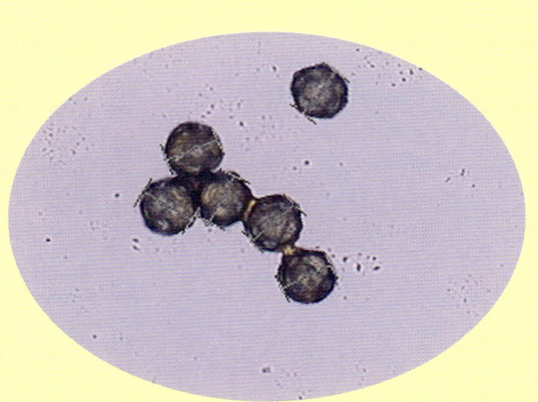

△在来種の花粉の顕微鏡写真。つぶがそろっています。

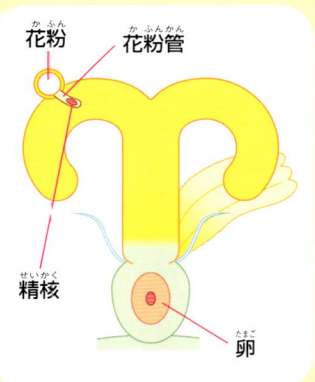

❶めしべに花粉がつくと、そこから花粉管がのびます。

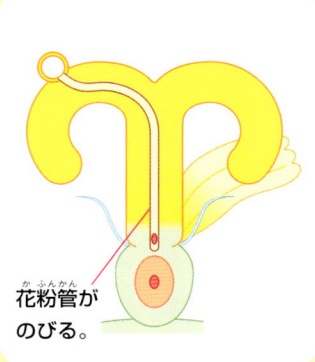

❷精核が卵につくと、受精がおこなわれます。

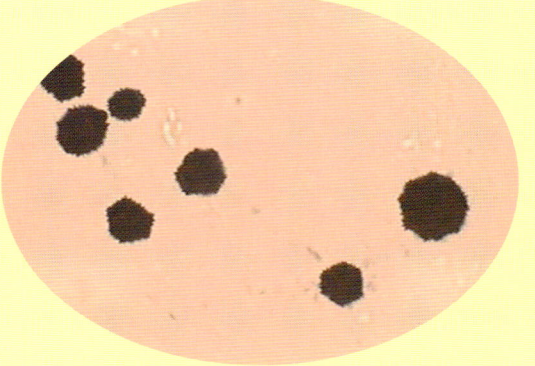

△外来種の花粉の顕微鏡写真。つぶがふぞろいです。

🔺 おしべが花粉をつくる外来種のセイヨウタンポポの花。めしべに花粉がついています。

🔺 おしべが花粉をつくらない外来種のセイヨウタンポポの花。花粉がないためめしべが黒っぽくみえます。

花をさかせる時期のちがい

外来種はおもに3月から6月にかけて花をさかせますが、その後もほそぼそと1年じゅうさいています。在来種は、4月から5月に花をさかせ、夏は花をさかせず、秋から冬にわずかなものが花をさかせます。

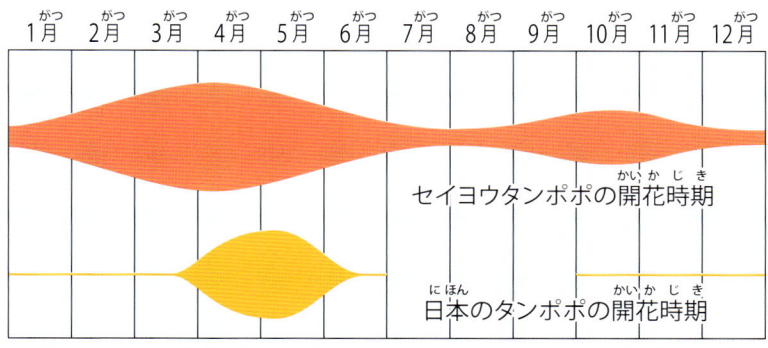

🔺 花をさかせる時期（開花時期）のちがい。線の太さがさく花の多さを表しています。

芽の出る時期のちがい

シャーレにたねをまいてみると（55ページ）、外来種は春さいた花にみのったたねがすぐに芽を出します。在来種は、春さいた花にみのったたねのうち一部が梅雨のまえに芽を出し、あとは秋以降に芽を出します。野外では秋に発芽しそこなったたねが翌春に芽を出すことがあります。

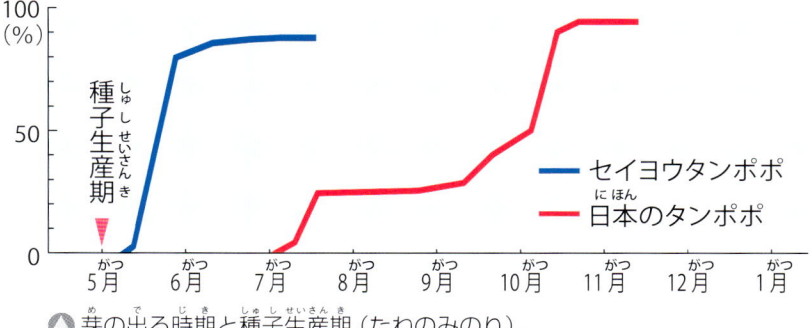

🔺 芽の出る時期と種子生産期（たねのみのり）。

虫とのかかわり

在来種のタンポポは、ほかの株のおしべがつくった花粉と受精しないとたねをみのらせることができません。自分で動くことのできないタンポポは、花にあまいみつをよういして、虫をよびよせます。虫がみつをすいに花にくると、体に花粉がつきます。虫がまた別の花へいって、みつをすうと、そのとき花粉がめしべについて受精がおこなわれます。タンポポだけでなく、虫に花粉を運んでもらう花は、虫にみつがあることを知らせるために、目立つ色をしています。ハチは花粉も食物として集めますが、花粉は量が多いので植物はこまりません。

🔺 モンシロチョウ（チョウのなかま）。

🔺 ヒメアカタテハ（チョウのなかま）。

🔺 イチモンジセセリ（チョウのなかま）。

🔺 ベニシジミ（チョウのなかま）。

🔺 ジガバチ（ハチのなかま）。

🔺 セイヨウミツバチ（ハチのなかま）。花のみつをすいながら、体じゅうに花粉をつけています。

🔺 シマハナアブ（ハエのなかま）。

🔺 カミキリモドキ（左）とビロードコガネ（甲虫のなかま）。

🔺 カマキリの幼虫（カマキリのなかま）。花をおとずれた虫をとらえます。あまりタンポポの役にはたっていません。

🔺 ハナグモ（クモ*のなかま）。花をおとずれた虫をとらえます。あまりタンポポの役にはたっていません。

＊クモは昆虫ではありません。

日本のタンポポの多いところ

　在来種がよくみられるのは、古くからの自然が残された開けた場所です。そのようなところは、畑や田のへり、雑木林、土手、休耕地、果樹園、神社や寺の境内、庭園、墓地などにあります。これらの土地では、ほかの草がしげりだす夏に、草かりをすることがあります。しかし在来種は、夏のあいだ葉を落としているので、草かりにあってもこまりません。

　在来種は、ほかの株がつくった花粉を虫に運んでもらい受精してたねをみのらせます。そのため、まわりにおなじ種がすくなくとも70株ほど生え、花粉を運んでくれる虫がくらしていることも必要です。

　この50年あまりのあいだに都会をはじめ人がくらしている地域では、開発が進み、タンポポがよくみられる、日あたりがよく開けた野原がへってきました。在来種はまわりから、なかまが失われてしまうと花粉をもらってたねをみのらせることができません。だから、いちど数がへると、子孫を残すことがむずかしくなってしまうのです。

▼畑のまわりにさく在来種のタンポポ。

▲ 雑木林の中でみられる在来種。

▲ 都会にある庭園でみられる在来種。

▲ 墓地の通路でみられる在来種。

▲ 土手でみられる在来種。

都会でも在来種がみられるところ

　都会でも、古くからの自然がせまい範囲で残されている場所があります。このようなところでは在来種のタンポポがみつかることがあります。神社や寺の境内、墓地や庭園などをさがしてみましょう。

　これらの場所は、人の手で管理された土地ですが、タンポポそのものがおびやかされたり、外から別の植物が入ってきたりしにくいため、在来種が残されています。

▲ 東京都千代田区にある皇居の周辺では在来種のタンポポがみられます。

▲駐車場にさく外来種のタンポポ。

外国から来たタンポポの多いところ

　日本にすみついた外来種が、どこからやってきたのか正確にはよくわかっていません。おそらくヨーロッパや中央アジアあたりではないかと考えられています。

　外来種がよくみられるのは、道ばた、駐車場、空き地、線路ぎわ、児童公園などです。これらの土地は、人の手によって、もともとあった自然がこわされ、植物があまり生えていないところです。

　外来種は、自分だけでたねをみのらせることができます。そのため、たねが風にのっていき、遠くでポツンと新しい株が育っても、そこでまた自分ひとりでたねをみのらせて、ふえることができます。このように外来種は、いちはやく新しい土地でなかまをふやせるため、日本のあちこちでみられるようになりました。

　在来種は夏に葉を落としますが、外来種は夏も葉をつけたままです。日本の夏は、ほかの植物がしげったり、乾燥することが多いので、外来種にはすごしにくい季節のようです。

セイヨウタンポポとアカミタンポポ

外来種のタンポポは、セイヨウタンポポとアカミタンポポが知られています。アカミタンポポは、たね（実）が赤いため、「赤実」という名がつきました。アカミタンポポは、セイヨウタンポポとくらべて、より乾燥した場所に生えていることが多いようです。

▲セイヨウタンポポのたね。円内は花。

▲アカミタンポポのたね。円内は花。

▲道ばたでみられる外来種。

▲児童公園でみられる外来種。

▲線路ぎわでみられる外来種。

▲家の近くの道ばたでみられる外来種。

■ 梅雨(つゆ)になる少しまえに、わたぼうしから飛(と)びたったね。

第3章 風でたねを飛ばす

　タンポポは自分で動くことはできません。しかしたねを風にのせて飛ばせば、遠いところでなかまをふやすことができます。花のさき終わった花茎の先には、小花のがくが白いわた毛になって、まりのようにひろがった、わたぼうしがゆれています。わた毛が風をとらえると、茎からたねが少しずつ飛んでいきます。

■ しめりけのある地面に落ちたたね。たくさん飛ばされるたねも、芽を出せるところにたどりつけるのは、ほんのわずかのものです。

芽を出せないたね

　強い風がふくとタンポポのたねは、花茎の先についている花たくから外れて飛びたちます。背の低いタンポポでも、風の力をかりることで、たねを遠くまで運ぶことができます。

　しかし、たねは、全部が芽を出せるところに飛んでいけるわけではありません。芽を出すためには、水分のある地面が必要です。かわいていたり、暑すぎても芽を出せません。そのため、タンポポは、どれか1つでも芽が出るように、たくさんの数のたねを飛ばします。このようにして、毎年毎年たくさんのたねを飛ばして、子孫を残そうとします。

　在来種のたねは、ほかの株の花粉と受精しないとみのりません。ときには、ほとんど芽を出せない未熟なたねばかりのときもあります。外来種でも、やはり2わりほどが、芽が出せないたねであることが多いようです（19ページの写真で白いたねがあることをみてください）。

▲雨の日は、たねがそのまま地面に落ちてしまうこともあります。

たねのちがい

　在来種が子孫を残すためには、すくなくとも70株ほどが集まって生えていなければなりません。そのため、わた毛（冠毛）のおもりになるたね（実）は重くなっていて、近くに落ちるようになっています。いっぽう、外来種は遠くまで実を飛ばし自分ひとりになったとしても、なかまをふやしつづけることができるので、実は軽くなっています。

▲在来種の実（カントウタンポポ）。　▲外来種の実（セイヨウタンポポ）。　▲外来種の実（アカミタンポポ）。

■たね（実）の皮をやぶって、芽が出てきました。このとき、すでにわた毛（冠毛）が柄のところからとれていることもあります。

芽を出す

　日本のタンポポと外国から来たタンポポは、どちらも5月くらいにたねを飛ばします。しかし、両者は芽を出す時期がちがいます。

　外来種は、5月末くらいから芽を出します。

　ところが、在来種は、6月に芽を出すたね、秋になり気温が15度以下になったら芽を出すたね、翌年の春に芽を出すたねと、おなじ株からできたたねでも芽を出す時期が3つにわかれています（27ページ）。

　タンポポの一生で、いちばん危険なのは、芽を出すときです。暑い時期は、たねが芽を出すために必要な水分がたりなくなることがあります。在来種のタンポポは日本の気候になれているので、夏はたねから芽を出さないようにしています。

　外来種は、夏でも芽を出しますが、水がなかったり、ほかの草のかげで日があたらなかったりして、ほとんどのものが死んでしまいます。38、39ページの写真はセイヨウタンポポのものですが、芽を出すようすは在来種もおなじです。

1

△ 芽がのびるいっぽう、土の中では根がのびていきます（41ページ）。ふた葉が開こうとしています。

2

△ ふた葉（子葉）が開きました。このあと、たねの皮がはずれます。

3

△ ふた葉は、たねの中で栄養をたくわえている葉です。ふちは、なめらかです。

4

△ ふた葉のあいだから、2枚の本葉が出てきました。このあと出る葉は、ふちにぎざぎざをもつものになります。

5

△ 約40日後。葉がふえてきて、タンポポらしいすがたになってきました。

6

△ ちいさな株ですが、花をさかせています。

● 根がみえるように土をほった写真。太い根が長くのび、地面の上からみているより、タンポポがはるかに大きな「体」をしていることがわかります。

根を長くのばす

　タンポポの根は、土の中に長く深くのびています。まん中の1本が太くて、ゴボウのようです。この太い根（主根）は栄養をたくわえるところです。大きな株では主根が枝わかれしていることもあります。主根からひろがる細い根（細根）は、水をすいあげる働きをします。

　暑い夏、在来種のタンポポは、体から水分が逃げないように、ほとんどの葉を落とします。そのため地面の上からは、何もなくなってしまったようにみえます。ところが土の中には、りっぱな根が残っています。秋になってすずしくなると、この根にたくわえた栄養を使って葉をのばしはじめるのです。

　いっぽう、外来種のタンポポは、夏でもあまり葉を落としません。光と水分があれば、葉で栄養をつくって成長したり根に栄養をためたりします。

　主根は切れてしまうこともありますが、在来種も外来種も、その切れはしから芽を出すことができます（54ページ）。

🔺 たねから出る根。芽が出るまえに、まず根が出ます。

🔺 5年目の株の根。主根は1メートル以上の長さになることもあります。

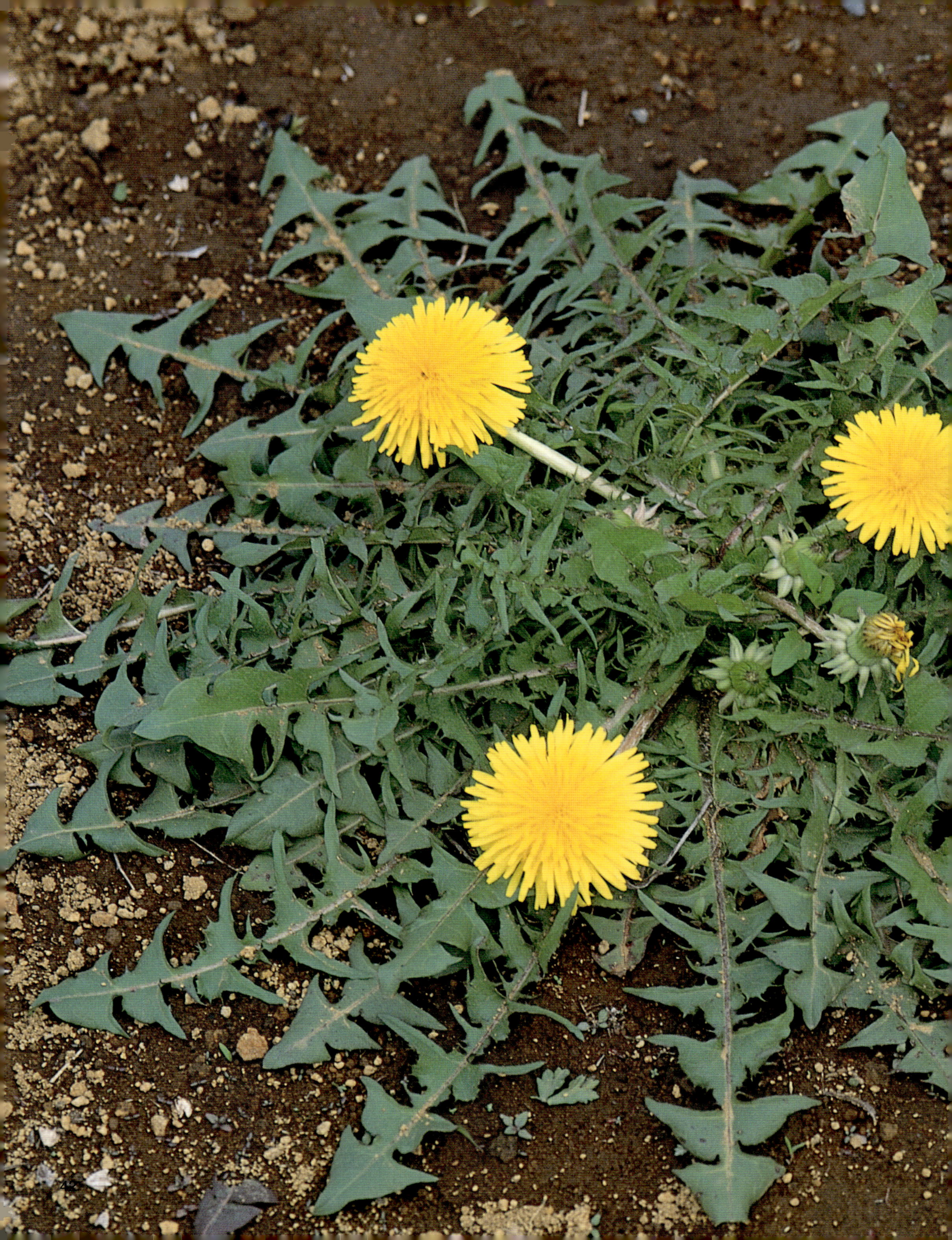

タンポポのすがた

　タンポポは茎のとても短い植物です。葉はその短い茎をとりまくようについているので1つのところからたくさんの葉がひろがるように出ています。このような葉のつきかたをロゼット状、また、このような植物はロゼット植物とよばれます。

　タンポポのロゼット状の葉は、地面の近くにひろがっているため、乾燥、寒さ、風から身を守ることができます。また、動物や人にふまれても、長い茎をもっているわけではないので、折れてしまうこともありません。

　このロゼットという名前は、上からみたすがたが、いくえにも花びらが重なったバラの花、教会のバラ窓、車輪（フランス語でロース）の形などに、みえるためについたものといわれています。

■ 地面に円をえがいたように葉がひろがっています。

▲ キリスト教の教会にあるバラ窓。この形が、ひろがる葉の形にみえるため、このようによばれるようになったといわれます。

● 葉が雪におおわれていなければ、冬でも光と水から栄養をつくっています。

寒い冬をすごす

　夏の終わりから秋にかけては、まわりの草や木が葉を落とすので、タンポポに太陽の光がたくさんふりそそぎます。タンポポは根に栄養をたくわえて冬にそなえます。在来種も外来種もともに、秋に花をさかせる株もあります。

　冬になると、葉は黒ずんであまり元気がなさそうですが、地面の下に体の半分以上が埋もれているタンポポは、弱ることはありません。土の中は、冬でもそれほど寒くないのです。タンポポは、葉が雪におおわれなければ、冬でも太陽の光を使って栄養をつくります。在来種のたねには、暖かくなってから芽を出すために春をまつものもあります。

　茎の短いロゼット植物であるタンポポ

🔘 秋に急に冷えて、しもにおおわれてしまったタンポポの花。このくらいでは、かれてしまうことはありません。

は、背が低く、冷たい風からも身を守ることができます。

　土に少し埋もれた茎のまわりでは、もう春にさくつぼみがいくつも育っています。寒い冬は根から水をすいあげにくいので、風にふかれても乾燥しないように、つぼみはまわりが葉につつまれて、守られています。

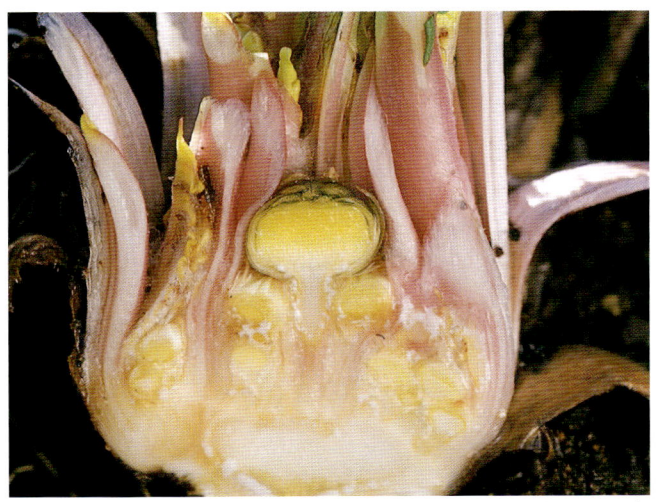

🔺 ロゼットのまん中を切ったところ。つぼみは、葉のつけ根から出てきます。タマネギのようないくつものつぼみがみえます。

春がやってきた

　タンポポは春早くに花をさかせます。冬から春にかけて、ほかの植物がしげるまえに、日ざしをたくさんあびて、小さな葉で栄養をつくります。寒い冬のあいだも、つぼみを育てて、春早くから花をさかせる準備をしていたのです。

　春が深まるにつれて、葉の数をふやして栄養をどんどんつくりはじめます。短かった花茎も長くのばします。たねをたくさん飛ばすころになると、1まい1まいの葉も大きくなり、タンポポの株は、りっぱなすがたになっています。

▲ 春になって、地面から顔をのぞかせたつぼみ。

● 背の低い花茎をのばしてタンポポの花がさきはじめました。

みてみよう やってみよう
タンポポの分布調査

　タンポポは、都会では外来種がふえて、在来種がへっているといわれています。しかし都会でも、古くから残されている神社や寺の境内、墓地や庭園のまわりでは在来種が残されているところもあります。

　よくにている草花（58ページ）とまちがえないように注意して、身近なところでタンポポの分布調査をしてみましょう。

△身近な町の地図を用意して、外来種は●、在来種は〇、タンポポがみられなかった場所は⊗をつけて、調べてみましょう。

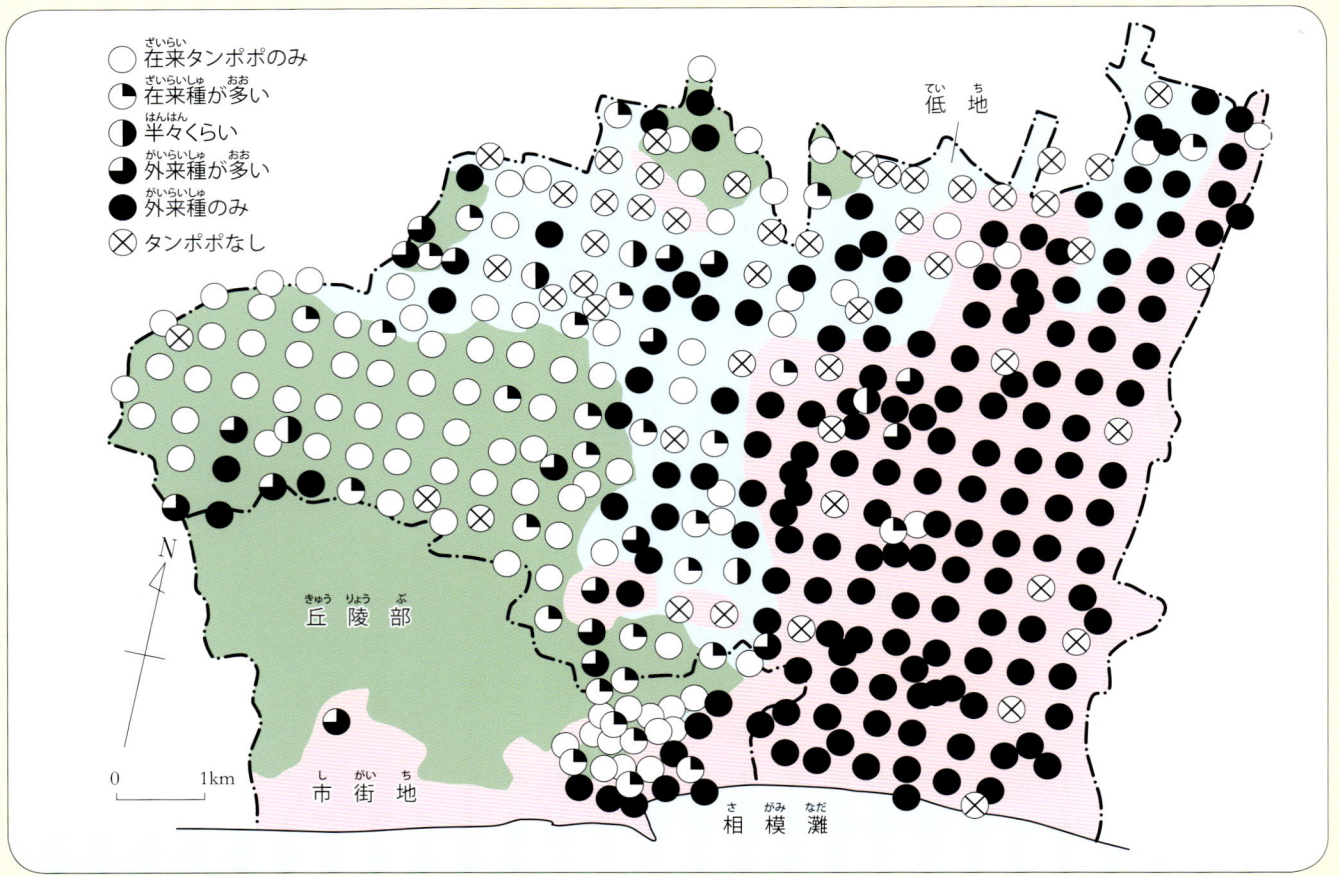

凡例：
- 〇 在来タンポポのみ
- ◔ 在来種が多い
- ◐ 半々くらい
- ◕ 外来種が多い
- ● 外来種のみ
- ⊗ タンポポなし

低地
丘陵部
市街地
相模灘

△神奈川県平塚、大磯で調査した例。タンポポ調査　1978年実行委員会による。

※危険な場所、入ってはいけない場所もあるので、おとなの人といっしょに調査しましょう。学校の近くや家のまわりなど、地域をせばめておこ

●結果のまとめかた

地図には、観察した人の名前、観察した日にち、時間、天気、気温を書きます。タンポポだけでなく、ほかの植物が生えているのに、タンポポがみつからなかった場所も記録します。

調査をしたら、何年かあとにおなじところをみてみましょう。在来種が多い場所、少ない場所、外来種が多い場所、少ない場所は、どのようにしてできるのでしょうか。

数年のあいだに変化があった場合は、その理由を考えてみましょう。みられなかった場所には、なぜタンポポが生えていなかったのかも考えてみましょう。

下の図の調査結果は、1ます2キロ四方で約16地点を調べた結果を平均であらわしています。1980年は在来種が多かった南多摩(左下部分)や北多摩、南埼玉(左上部分)が、1990年にはへって地図が黒っぽくなっています。23区(右側部分)では、どちらの年も外来種が多いことに変化はありません。

タンポポ分布地図

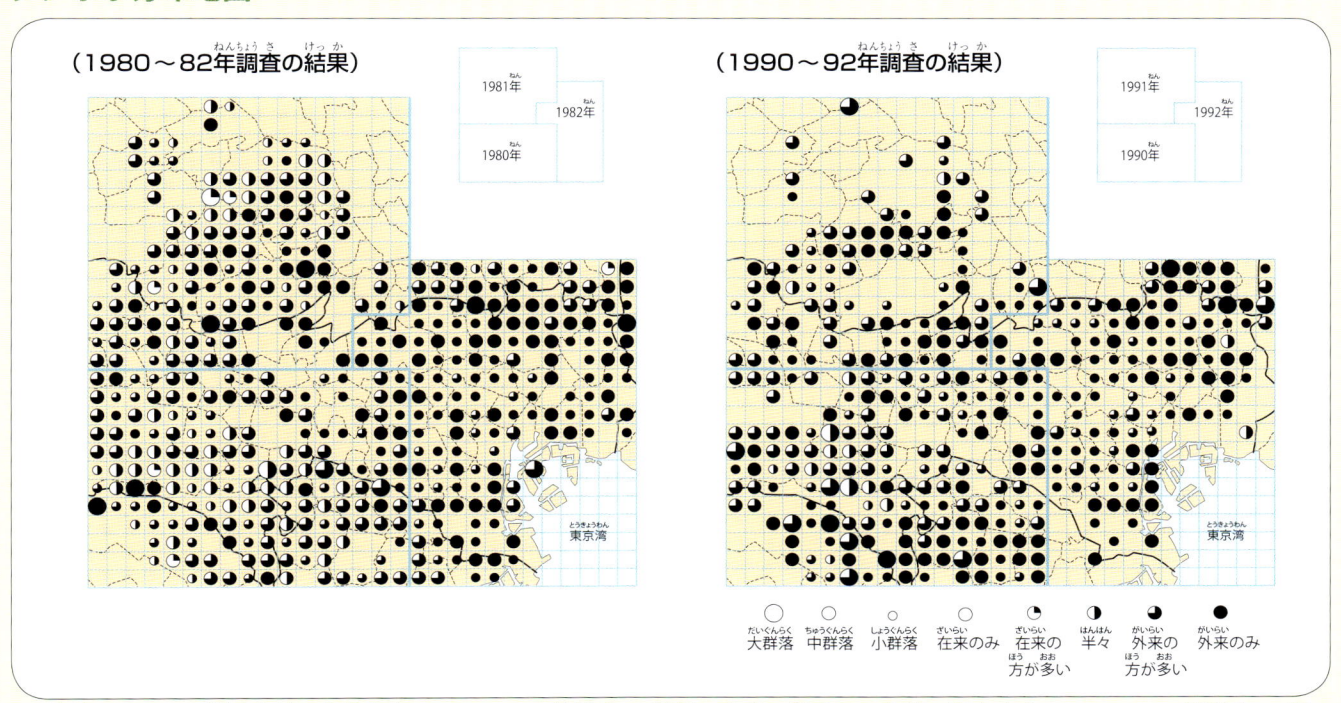

（1980〜82年調査の結果）　　　　　（1990〜92年調査の結果）

○大群落　◐中群落　◐小群落　○在来のみ　◐在来の方が多い　◐半々　◐外来の方が多い　●外来のみ

△ 太線でくぎった左下部分が多摩地区(1980、90年調査)、左上の部分が北多摩・狭山・入間地区(1981、91年調査)、右の部分が23区地区(1982、92年調査)。タンポポ調査　1992年実行委員会による。

みてみよう やってみよう
連続した観察

　春から初夏にかけて、おなじひと株のタンポポをつづけて観察し、葉や花のさきかたなど、季節ごとの変化を記録しましょう。とちゅうでかれてしまったり、みうしなってしまうこともあるので、いくつかの株をおなじ日に観察するようにします。葉の枚数や花の数、わたぼうしの数もかぞえて記録します。虫めがねを使って花粉のようすをみてみましょう。記録をとったあと、毎回おなじ場所から写真をとっておくと、あとから気がつく変化があるかもしれません。タンポポのまわりの植物のようすもみておきましょう。

▲ 2月29日。

▲ 5月1日。

▲ 5月6日。

●花茎ののびかた

　タンポポの花がさき終わったら花茎におなじ間隔で墨で印をつけます。わたぼうしができるまで観察をして、花茎につけた印をみて、どの部分がのびているかをたしかめてみましょう。16ページもみてください。

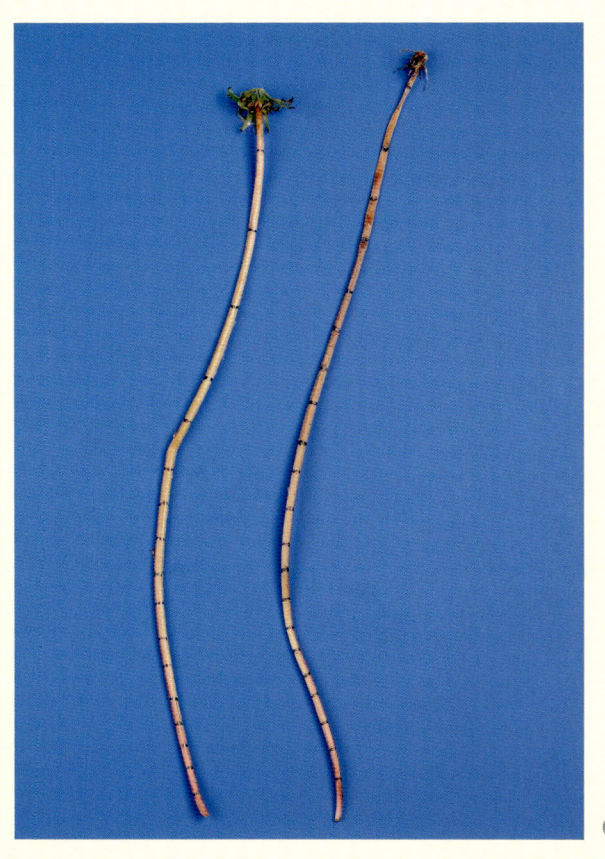

◀ 印をつけた花茎。上のほうがのびている。

▲ 3月10日。 　　　　▲ 3月27日。 　　　　▲ 4月5日。

▲ 4月26日。 　　　　▲ 4月18日。 　　　　▲ 4月15日。

▲ 5月21日。 　　　　▲ 6月2日。 　　　　▲ 6月12日。

●わたぼうしの開きかた

　さいたあとの花の先に、わた毛（冠毛）がみえていたら、わたぼうしが開くようすを観察してみましょう。みつけた時間をノートに書き、そのあと変化があったら時間とようすを記録しましょう。暖かい日や寒い日で開きかたに変化があるでしょうか。

▲ 開きはじめ。 　　▲ 総苞片が開く。 　　▲ わた毛がひろがる。 　　▲ 完全に開きました。

みてみよう やってみよう

花の解剖

タンポポの花（頭状花）を解剖して、花のつくり（花序）を観察しましょう。

タンポポの花のつくりは、集合花ともよばれ、小さな花（小花）がたくさん集まってできたものです。頭状花は緑色の小さな葉（総苞片）にくるまれています。観察する花を1個用意したら、ピンセットを使って、総苞片を外側から1枚ずつはがしていきます。はがした総苞片は、紙の上に順番においていきます。総苞片が全部とれたら、小花を外側からはがしていきます。小花は全部でいくつあるでしょう。

▲ 総苞片は、2重になっています。写真ではいちばん外側に総苞片をおいてあります。タンポポの小花には舌状花しかありません。

●小花を観察しよう

解剖したタンポポの花から小花を1個とりだして、虫めがねでめしべとおしべを観察してみましょう。おしべは、めしべを取りまくようについています。虫めがねでみながらピンセットを使って、はがしてみましょう。じゅくすと実になるところや、わた毛になるがくもよくみてみましょう（15ページ）。

▲ 花の解剖には、ピンセットを使います。まず花を半分にすると、解剖しやすくなります。

●ほかの花とくらべる

　いろいろな花を解剖して、花びらのようすや数、おしべやめしべ、がくのつくりなどをノートに記録します。タンポポのなかまで、やはり頭状花のヒマワリやキクの花を解剖して、小花のちがいをくらべてみましょう。

　サルビアの花は、小花が穂のようにばらばらについた花で、穂状花とよばれます。タンポポ、ヒマワリ、アザミの集合花とくらべてみましょう。

▼**ヒマワリの花（頭状花）** 小花は、外側の黄色いところが舌状花、中の茶色いところが花びらをもたない筒状花とよばれる小花です。

▼**トネアザミの花（頭状花）** 小花は、すべてが花びらをもたない筒状花で、タンポポのような舌状花はありません。

▼**サルビアの花（穂状花）** 小花は、ばらばらに集まってできています。圧縮すると頭状花とおなじようになっていることがわかります。

53

育ててみよう

●植えかえて育てよう

野原でみつけたタンポポを、植木ばちに植えかえて、育ててみましょう。毎日観察して、季節ごとに葉の数、花のさきかた、たね（実）のできかたなどを記録してみましょう。また、おなじような大きさの株で、在来種と外来種をみくらべてみましょう。

△ 15センチほど根を残したものをほりあげます。植えかえたあと、葉が落ちてもしばらくすると生えてきます。

●根から育てよう

タンポポの根をほって、根から株を育ててみましょう。観察するときに根の上下がわからなくならないように、4～5センチほどに切った上のほう（葉のほう）にマジックで印をつけておきます。1日ほど日かげでかわかしてから、水をふくませたペーパータオルをしいたシャーレやさらの上に根をのせます。

毎日、葉や根の出るようすを記録しましょう。あるていど大きくなったら、土に植えかえましょう。

△ 根の上のほうにマジックで印をつけておきます。

△ 葉は根の上のほうから出てきます。

●たねから育てよう

わたぼうしをみつけたら、たね（実）を集めて、育ててみましょう。たねをまいた時期や、在来種、外来種かどうかも記録しておきます。

5月にわたぼうし1つぶんのたねを集めることができたら、時期を3週間ずつずらして、7月末（梅雨明け）までにまいて、いつまいたたねが芽を出すか観察します（27ページ）。実験に使うたねは、紙袋にいれて冷蔵庫にほぞん*します。

*ポリ袋にいれるとたねが湿気でくさってしまいます。

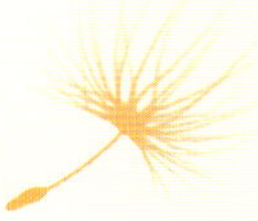

▲シャーレに水をふくませたペーパータオルをしき、たねをおきます。わた毛は切っておきます。

▲芽が出てきたら、育ちかたのよいものをえらんで植木ばちに植えかえましょう。

タンポポであそぶ

タンポポの花茎をはさみで切ると、ゴムのような白いしるが出てきます。これはタンポポのなかまの特徴で、ロシアではゴムタンポポという草のしるからゴムが作られています。

茎に切れ目を入れると、切ったはしがくるりと丸くなります。そのすがたが、楽器の「つづみ」ににているため、むかしタンポポのことを「つづみぐさ」とよんでいたこともあります。中に糸をとおして息をふきかけると、風車のように回ります。

タンポポの花を花茎ごと切って、それをからめながら、輪を作ると花かざりができます。

▲タンポポの花茎から白いしるが出てきたところ。花茎は中空になっています。

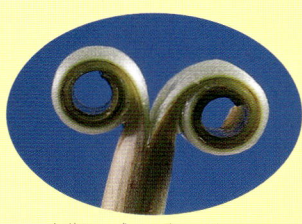

▲タンポポの花茎で作った風車。

▲花茎に切れ目を入れるとはしがくるりとめくれます。

▲タンポポの花かざり。

みてみよう やってみよう

実をくらべてみよう

● タンポポの実？

　この本では、タンポポのたね（実）という言葉を使ってきました。なぜ、たねという言葉だけにしないのだろうと、ふしぎに思ったかもしれません。実とは、果実という意味で用いています。果実というと、ふつうはリンゴやカキなど、くだものを思いうかべます。

　生物学では、花がさいたあとにできる、芽が出る種子（たね）、果肉（カキのたべるところ）、果皮（皮）などの全体を果実とよびます。

　タンポポの実（果実）は、痩果とよばれます。種子と果皮のあいだに、果肉がなく、痩せてみえるため、つけられた名前です。

　いっぽうカキの実（果実）は、種子のまわりに果肉がついていて、そのまわりを果皮がおおったつくりになっています。このような、みずみずしい実は、液果とよばれます。

△ タンポポの実（果実）を半分に切ったところ。

▷ カキの実（カキの果実）を半分に切ったところ。

自然とつきあうときの約束

●ほんとうのやさしさとは？

　この本では、いま日本でみられるタンポポには、在来種と外来種があることを紹介しました。また、在来種にも、外来種にも、それぞれ種類があることにもふれています。

　それぞれの生き物は、もともとすんでいるところが決まっています。それがとても長い年月をかけて、すむ場所（分布）をひろげたり、反対にせばめたりしています。それはその生き物だけの力ではなく、気候や地形の変化、ほかの生き物との関係などが複雑にからみあった結果おこることです。

　あるところに、これまでいなかった生き物（外来種）がくらしはじめると、これまでいた生き物（在来種）にはどんなことがおこるでしょう。関係なくすむこともあれば、どちらかが滅んでしまうこともあります。それは短い時間で決まることではありませんし、人間が最初から予想できることでもありません。

　ですから、いちどとってきたタンポポは、自然にはかえさず、最後までめんどうをみるようにしてください。わたぼうしができたら、実は飛ばないようにします。世話ができなくなったら、押し葉にして標本にするか、葉をおひたしや天ぷらにして食べたり、根を乾かし、すりつぶしたタンポポコーヒーにして飲んでもよいでしょう。

　タンポポを知ることをつうじて、在来種や外来種についても考えてみてください。

▲タンポポの天ぷら、おひたし、コーヒー。

かがやくいのち図鑑
タンポポのなかま

キクのなかまには、タンポポととてもよくにているものがあります。みわけるためには、花茎と花のつきかたに注意しましょう。

オオジシバリ キク科ニガナ属
4月から6月に花をさかせます。花はタンポポににていますが、花びらのようにみえる小花の数は少ないです。枝わかれした花茎に花が2〜3個つきます。タンポポは花茎が枝わかれしないので区別できます。葉はぎざぎざがあり、茎の根元から生えています。茎が地面をはうようにのびて、地面をしばっているようにみえるので「地縛り」とよばれます。外来種です。

イワニガナ キク科ニガナ属
オオジシバリににていて、やはりタンポポとまちがえやすいです。

ノゲシ キク科ノゲシ属
春は4月から7月、秋は9月から10月に花をさかせます。花はタンポポににています。葉のつけねが茎をだくようにつきます。タンポポの花茎には、葉がつかないので区別できます。花が白っぽいものもあります。

オニノゲシ キク科ノゲシ属
4月から10月に花をさかせます。花はタンポポににています。葉のつけねが茎をだくようにつきますが、ノゲシほど深くまわりこみません。タンポポの花茎には、葉はつかないので区別できます。鬼という名がつけられているようにノゲシよりもとげとげしい感じがします。とげは、さわるといたく感じます。外来種です。

コウゾリナ
キク科コウゾリナ属
8月から10月に花をさかせます。花はタンポポににていますが、花びらのようにみえる小花の数は少ないです。枝わかれした花茎に花が2〜3個つきます。タンポポは花茎が枝わかれしないので区別できます。茎に葉が交互につきます。コウゾリナのなかまは、にたものが30種ほど知られています。

ブタナ　キク科エゾコウゾリナ属
5月から10月に花をさかせます。ロゼット状につく葉は、全体にタンポポににています。枝わかれした花茎に花が2〜3個つきます。タンポポは花茎が枝わかれしないので区別できます。背が60cmくらいになることもあります。タンポポモドキとよばれたこともあります。外来種です。

▲右がタンポポのロゼット、左がブタナのロゼット。花がないと区別しにくいです。

オニタビラコ　キク科オニタビラコ属
5月から10月に花をさかせます。花はタンポポににていますが、花びらのようにみえる小花の数は少ないです。枝わかれした花茎に花が2〜3個つきます。タンポポは花茎が枝わかれせず、葉もつかないので区別できます。ロゼット状につく葉は、タンポポににていて、とくに小さな株はまちがえやすいです。

ヤナギタンポポ　キク科ヤナギタンポポ属
8月から9月に花をさかせます。花はタンポポににています。枝わかれした花茎に花が2〜3個つきます。タンポポは花茎が枝わかれしないので区別できます。

かがやくいのち図鑑
早春の野原にさく植物

タンポポが生えている野原で、春さきにみられる草花です。タンポポをさがしながら、野原の植物の名前をおぼえましょう。

ホトケノザ　シソ科オドリコソウ属
3月から6月に花をさかせます。花はくちびるのようで、上と下にわかれた唇形花とよばれる形です。茎の断面は四角になっています。春の七草の「ほとけのざ」は別種のコオニタビラコのことです。

ヤハズノエンドウ　マメ科ソラマメ属
3月から6月に花をさかせます。茎には巻ひげがあり、ものに巻きつくこともあります。ソラマメのなかまなので、若芽や豆を食用にすることもあります。カラスノエンドウともよばれます。地中海沿岸から来た外来種です。

オオイヌノフグリ　ゴマノハグサ科クワガタソウ属
3月から6月に花をさかせます。よくにたイヌノフグリより大きいので、この名があります。「犬のフグリ」とは、犬の金玉（陰嚢）のことで、たね（実）の形がにているためつけられました。外来種です。

ヒメオドリコソウ　シソ科ヒメオドリコソウ属
3月から6月に花をさかせます。花はくちびるのようで、上と下にわかれた唇形花とよばれる形です。葉はミントにていて、表面に細かいしわがあります。花の形が笠をかぶった踊り子のようにみえるため、この名があります。外来種です。

ヤブヘビイチゴ　バラ科キジムシロ属
4月に黄色い花をさかせます。5〜6月にみのる赤い実（果実）がめだちます。果実は食べられますが特においしいものではありません。地面をヘビがはうようにひろがるので、この名があります。外来種です。

キジムシロ　バラ科キジムシロ属
3月から5月に黄色い花をさかせます。地面にひろがる葉のようすが、鳥のキジが休み場所にする筵のようにみえるので、この名がつきました。

タネツケバナ　アブラナ科タネツケバナ属
4月から6月に花をさかせます。田んぼのあぜなど、しめったところに多く、冬はロゼット状になってすごします。白い花がさく季節になったら、田植えの準備をはじめるということから、この名がつきました。細長い果実は上むきにつきます。

ナズナ　アブラナ科ナズナ属
2月から6月に白い花をさかせます。花のあとにみのる莢は三角形をしています。莢のついている柄を茎から少しひきはがし、茎を持って回転させると、「ぺんぺん」と音がするので「ぺんぺんぐさ」ともよばれます。春の七草のひとつです。

タチツボスミレ　スミレ科スミレ属
4月から6月にかけて紫色の花をさかせます。花茎が立ちあがります。よくにたスミレは花茎に葉がつきません。日本でいちばん身近なスミレのなかまですが、よくにた種が多く、ほかの種とまちがわれることがあります。

カタバミ　カタバミ科カタバミ属
春から秋にかけて黄色い花をさかせます。葉がシロツメグサ（クローバー）ににていますが別の仲間です。じゅくした実にさわると、莢がはじけて赤いたねが飛び出します。ヤマトシジミ（チョウ）の幼虫の食物としても大切です。

さくいん

あ
アカミタンポポ ---------------------------------- 33,37
亜種(あしゅ) ---------------------------------- 25,63
イチモンジセセリ -------------------------------- 28
イワニガナ -------------------------------------- 58
エゾタンポポ ------------------------------------ 25
オオイヌノフグリ -------------------------------- 60
オオジシバリ ------------------------------------ 58
オキタンポポ ------------------------------------ 25
おしべ -------------------------------- 14,15,26,27
オニタビラコ ------------------------------------ 59
オニノゲシ -------------------------------------- 58

か
開花時期(かいかじき) -------------------------- 27
外来種(がいらいしゅ) ------------------ 24,32,57,63
カキ(柿) -- 56
がく -- 15,17,18
花茎(かけい) ---------------------------- 6,16,17,46,50
花序(かじょ) ------------------------------------ 52
花たく -- 18,20,37
カタバミ --- 61
花粉(かふん) ------------------ 14,26,27,28,29,30,37,50
カマキリ --- 29
カミキリモドキ ---------------------------------- 29
カンサイタンポポ ----------------------------- 25,26
カントウタンポポ --------------------------- 25,26,37
キジムシロ -------------------------------------- 61
コウゾウリナ ------------------------------------ 59

さ
在来種(ざいらいしゅ) ---------------- 5,25,30,31,57,63
サルビア --- 53
ジガバチ --- 29
シナノタンポポ ---------------------------------- 25
シマハナアブ ------------------------------------ 29
種(しゅ) -- 25,26,63
集合花(しゅうごうか) ---------------------------- 52
種子生産期(しゅしせいさんき)（たねのみのり）--- 27
受精(じゅせい) ------------------------ 26,27,28,30,37
小花(しょうか) ---------------------- 7,15,18,34,52,53
シロツメグサ ------------------------------------ 61

た
シロバナタンポポ -------------------------------- 25
穂状花(すいじょうか) ---------------------------- 53
スミレ -- 61
セイヨウタンポポ -------------------- 23,26,33,37,38
セイヨウミツバチ -------------------------------- 29
舌状花(ぜつじょうか) ---------------------- 15,52,53
染色体(せんしょくたい) -------------------------- 56
痩果(そうか) ------------------------------------ 56
総苞(そうほう) ---------------------------- 24,25,63
総苞片(そうほうへん) ---------------------------- 24,52

た
タチツボスミレ ---------------------------------- 61
たね(実(み)) -------- 14,15,17,18,20,26,32,37,38,
41,46,54,56
タネツケバナ ------------------------------------ 61
タンポポモドキ ---------------------------------- 59
つぼみ -- 6,45
トウカイタンポポ -------------------------------- 25
頭状花(とうじょうか) ------------------ 7,15,52,53,63
筒状花(とうじょうか) ---------------------------- 53
トネアザミ -------------------------------------- 53

な
ナズナ -- 61
根(ね) ---------------------------------- 33,39,40,41,45,54
ノゲシ -- 58

は
葉(は) ---------------------------------- 41,42,44,45,46,50,54
ハナグモ --- 29
ヒマワリ --- 53
ヒメアカタテハ ---------------------------------- 28
ヒメオドリコソウ -------------------------------- 60
ビロードコガネ ---------------------------------- 29
ブタナ -- 59
ベニシジミ -------------------------------------- 28
変種(へんしゅ) ---------------------------------- 25,63
ぺんぺんぐさ ------------------------------------ 61
ホトケノザ -------------------------------------- 60

ま
みつ -- 28,29
ミヤマタンポポ ---------------------------------- 25

無融合 ------ 25,26,27,63	ヤブヘビイチゴ ------ 61
めしべ ------ 14,15,18,26,27	ヤマトシジミ ------ 61
モウコタンポポ ------ 25	
モンシロチョウ ------ 28	**らわ**
	ロゼット ------ 42,43,45
や	わた毛（冠毛）------ 17,18,19,20,34,37,51,55
ヤナギタンポポ ------ 59	わたぼうし ------ 16,17,19,20,34,50,51,55
ヤハズエンドウ ------ 60	

この本で使っていることばの意味

種・亜種・変種 生物のなかまわけ（分類）の基本的な単位。生物学では、交配して子孫を残すことができる個体の集団を種と定義しています。亜種とは、地域が離れているなどの原因で、種の特徴をそなえた集団と交配する機会がなくなった個体の集まりのことをさします。人の手によって移動させるなどして交配させれば子孫を残すことができますが、自然の状態では交配が行われない集団を亜種と考えます。交配が行われなくなったことで、種と亜種で外見に変化がみられることもあります。変種とは、亜種よりさらに細かくわずかな違いがあるときに用いられる分類の単位です。ただし、種以外の亜種や変種を認めないという考えかたもあります。

染色体 染色体とは、細胞の中にあるもので、生物が自分のすがたを子孫につたえる情報がしるされた遺伝子（DNA）がふくまれています。染色体の数や形は、種ごとに決まっています。タンポポなど外見だけではみわけにくい生物も、染色体のようすをしらべれば、種の区別ができることがあります。

在来種 ある地域に、もともとくらしていた生物のこと。生物は長い時間をかけて、すむところ（分布）をひろげたりせばめたりしていますが、その範囲のうちにくらしている生物をさします。一般的には人の手によって移動されていない生物種をさします。

外来種 ある地域に、まったく別のところから、人間の手によって持ちこまれ、すみついた生物のこと。人間にそのつもりがなくても、ぐうぜん荷物や乗り物について移動したものもふくまれます。外国から来たタンポポもこれにあたります。また国内であっても、もともとはみられなかった生物が、国内の別のところから移動した場合も外来種と考えられます（これを国内外来種とよびます）。タンポポの場合、関東以西では、在来種と外来種が交雑して、雑種のタンポポがみられるようになっています。

総苞 花（花序／タンポポの場合は頭状花）をつつむ小さな葉の集まりのこと。それぞれの小さな葉は総苞片とよばれます。タンポポの総苞は、花を内総苞片と外総苞片が2重に取り巻いています。外来種と在来種を区別するときに目印になるのは外総苞片で、そりかえったものをもつものが外来種です。苞という字は「つと」とも読み、「包むもの」という意味があります。花（花序）を構成する花びら（花弁）、萼、総苞片などは、もともと葉が変化してできたものです。

頭状花 植物によって花のつくり（花序）はさまざまあります。頭状花（頭状花序）とは、タンポポなどキク科の植物にみられるもので、小花がたくさん集まってさいている全体をさします。また頭状花は、ひとつひとつ別の花が集まっているものなので集合花ともよばれます。キク科の小花には、舌のような花びらをもつ舌状花と、花びらが筒のようになった筒状花の2つがあります。タンポポのなかまの小花は舌状花だけ、ヒマワリは頭状花のまわりが舌状花で中心は筒状花、アザミのなかまは筒状花だけでできています（53ページ）。花をさかせる植物は、分類ごとに特徴のある花序の花をさかせるため、花の構造を知ることは、植物の種類を知る大きな手がかりとなります。

無融合 タンポポの場合、配偶子が単独で分裂して種子（たね）を生ずる繁殖方法。無配生殖ともよばれる単為生殖のひとつです。外来種のセイヨウタンポポやアカミタンポポ、在来種のタンポポのうちでは、エゾタンポポなどが行います。いっぽう、多くの在来種のように花粉を使った繁殖方法は、受粉（融合）とよばれます。

日本のタンポポ 在来種のタンポポについて本書では、平地でみられる身近な種をおもにとりあげました。これらは他の株の花粉による受精によってふえる仲間です。また、平地でみられる在来種のうち、対馬のモウコタンポポ、関西から関東のシロバナタンポポ、中部地方の山地帯・東北・北海道のエゾタンポポは、外来種とおなじように無融合でふえる在来種の仲間です。これら3種は、地域によっては人里でも目にする機会のある在来種なので例外的にとりあげました。これら以外の無融合でふえるタンポポは、分布が局所的にかぎられていたり、ミヤマタンポポなど高山のみに分布していたりする寒地性の種です。

NDC 479
渡邉弘晴
科学のアルバム・かがやくいのち 14
タンポポ
風でたねを飛ばす植物
あかね書房 2013
64P 29cm × 22cm

■監修　　　小川 潔
■写真　　　渡邉弘晴
■文・構成　伊地知英信
■編集協力　伊地知編集事務所
■写真協力　p25 全点、p27 全点、p31 上左、p31 中右、p48 上　小川 潔
　　　　　　p31 上右　アマナイメージズ（木原 浩）
　　　　　　p31 下　財団法人国民公園協会
■イラスト　小堀文彦
■デザイン　イシクラ事務所（石倉昌樹・隈部瑠依）
■参考文献　・『日本のタンポポとセイヨウタンポポ』(2001)
　　　　　　　小川 潔, どうぶつ社
　　　　　　・『タンポポの観察実験』(2000) 山田卓三、
　　　　　　　ニューサイエンス社
　　　　　　・『タンポポ』(1985)
　　　　　　　指導. 小川 潔, 写真. 渡辺晴夫, 集英社
　　　　　　・『植物と自然』(1980. 14 (4), 9-15)
　　　　　　　森田竜義, 日本産のタンポポ
　　　　　　・『教材生物ニュース』(1976. 7.No.12) 教材生物研究会

科学のアルバム・かがやくいのち 14
タンポポ 風でたねを飛ばす植物

2013年3月初版　2023年12月第2刷

著者　　渡邉弘晴
発行者　岡本光晴
発行所　株式会社 あかね書房
　　　　〒101-0065　東京都千代田区西神田３－２－１
　　　　03-3263-0641（営業）　03-3263-0644（編集）
　　　　https://www.akaneshobo.co.jp
印刷所　株式会社 精興社
製本所　株式会社 難波製本

©WATANABE Kousei, Nature Production, IDDITTIE Eishin, 2013 Printed in Japan
ISBN978-4-251-06714-2
定価は裏表紙に表示してあります。
落丁本・乱丁本はおとりかえいたします。